JN130364

お米のこれからを考える 4

お米とごはん新しいかたち

加工品&お米ニュース!

このシリーズは、お米の「今」をよく知って、これからの米づくりや日々の食事がどう変わっていくのかを考えるための本です。毎日食べているごはんがどんな食べものなのか、この本で調べてみましょう。

もくじ

日本と世界の米データ

お米の新しいかたち 米粉と米粉製品

ごはんの新しいかたち 加工米飯ってなに？

お米の注目トピックス

日本と世界の米データ

くらしの変化とともに食事のスタイルもむかしと今とでは大きく変わりました。時代の流れのなかで、お米をとりまく状況はどうなっているのでしょう。日本と世界のお米事情について紹介します。

日本と世界の米データ① 基礎知識

お米の流れとニーズの変化

お米はさまざまな形で口に入る

農家(生産者)が収穫したお米は精米・食品加工などの工程をへて、いろいろなルートをたどってわたしたちの食卓にとどけられています。ごはんをたくときに使う生のお米や、電子レンジで温めるだけで食べられる無菌包装米飯(パックごはん)など米つぶ(ごはん)の状態で口に入るものから、おせんべいや調味料など、もとのお米のすがたとまったくちがう食品に加工されたものまであります。じつは気づかないうちに、いろいろな形でお米を食べているのかもしれません。お米がどのようにわたしたちの手もとにとどくのか、またわたしたちがどのようにお米を消費しているのか、紹介します。

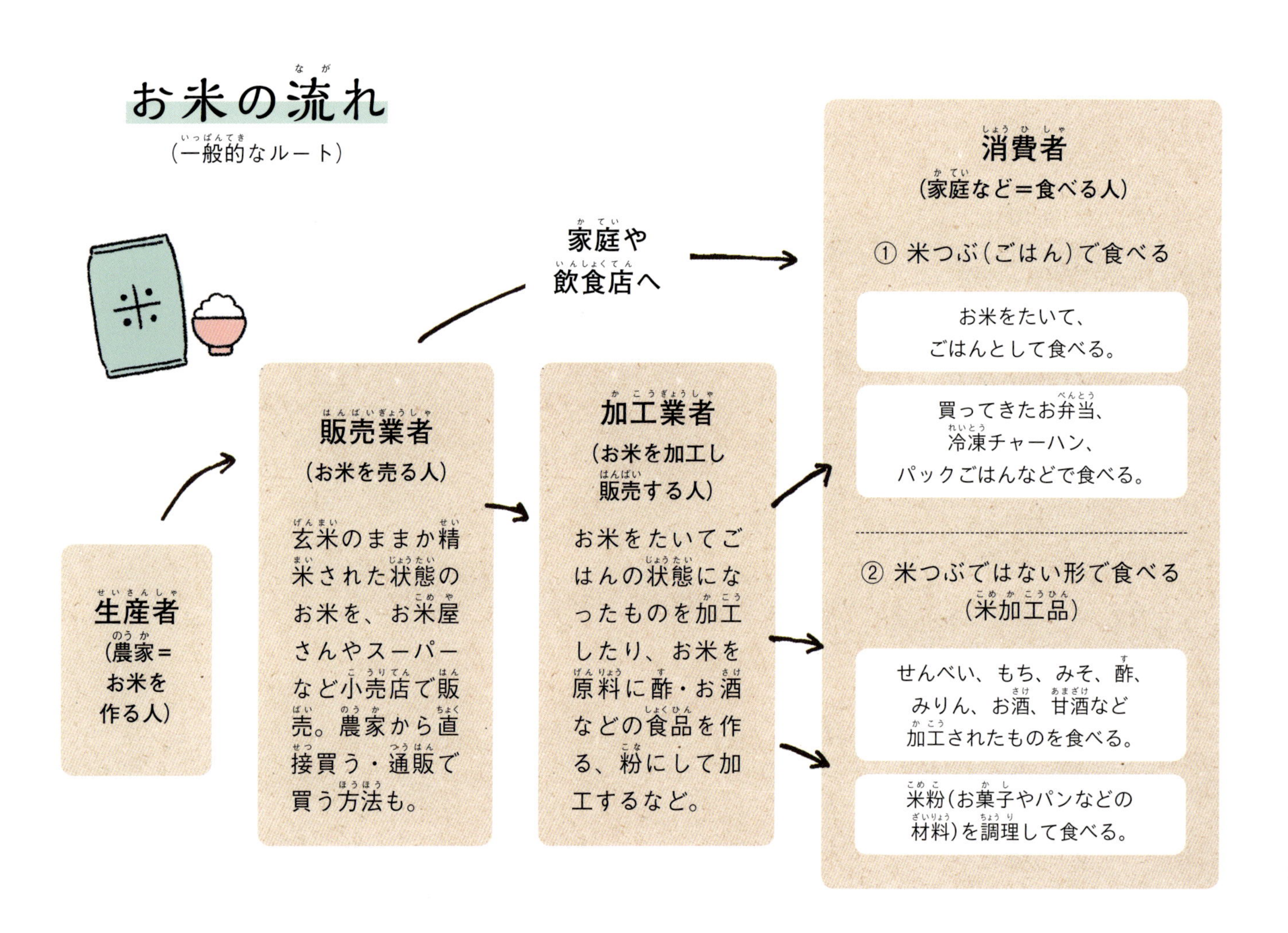

お米を食べているのはどこで？
1人1か月あたりの精米消費量(4594g)

外食558g (12.1%)
中食842g (18.3%)
家庭内 3194g (69.5%)
中食・外食合計1400g

(出典)米穀機構「米の消費動向調査結果(平成30年5月分)」より「1人1ヵ月当たり精米消費量」※グラフの%は四捨五入しています

お米を食べる状況の変化

かつてお米は、家庭で調理して食べる「内食」とよばれる消費のしかたがほとんどでした。今でも家でお米をたいて食べる割合がいちばん多いのですが、共働きなど女性の社会進出や、ひとり世帯の増加にともなって、家庭内での消費はじょじょに少なくなってきています。その反面、レストランなど「外食」で食べる機会や、お弁当やおにぎりなどを買って家で食べる「中食」の割合が年々増えてきました。時代の流れによってお米を食べる場所や状況も変わり、お米の食べかた(消費のしかた)も変化しています。

お米の食べかた(消費のしかた)の変化

家庭でごはんをたく機会が減少

食が多様化し、パンやパスタなど米以外の主食を食べる機会が増えています。反対に家庭でお米をたいて食べる機会が減っています。

パックごはんなど加工米飯が増える

炊飯する手間をはぶける加工米飯は、手軽さから生産量が大きくのびています。また日もちするパックごはんは災害時の備蓄食料としても注目。

中食・外食の機会が増加

仕事をする女性や単身者が増えたことで、お米の家庭内消費は減り、かわりに中食・外食でお米を食べる機会が大はばに増えました。

米加工品のニーズが変化

みりんなどの伝統的な調味料や和菓子用のお米の粉など、和食を食べる機会が減ったことで生産量が少なくなっている加工品があります。

海外での日本米の消費がのびる

ごはんを基本とした「和食」が2013年にユネスコの無形文化遺産に登録されてから、世界中で和食がブームに。海外で日本米の需要が増えています。

中食とは？
市販のおにぎりやお弁当など、家庭以外で調理・加工された食品を家や屋外などで食べること。

日本と世界の米データ②

日本のお米の収穫量と消費量

どのくらいお米を作っているの？

戦後の食糧難をきっかけに米の増産が進められ、お米の収穫量は増加しました。1967年には作付面積、収穫量ともにピークをむかえますが、しだいに食生活の欧米化や経済が豊かになり食卓にならぶおかずが増えたことなどで消費量が減っていきます。1970年以降は減反(生産調整)※が行われ、現在の作付面積はピーク時の半分以下に。減反の影響とはべつに、冷夏により凶作だった1993年や東日本大震災の年は収穫量が減少しました。

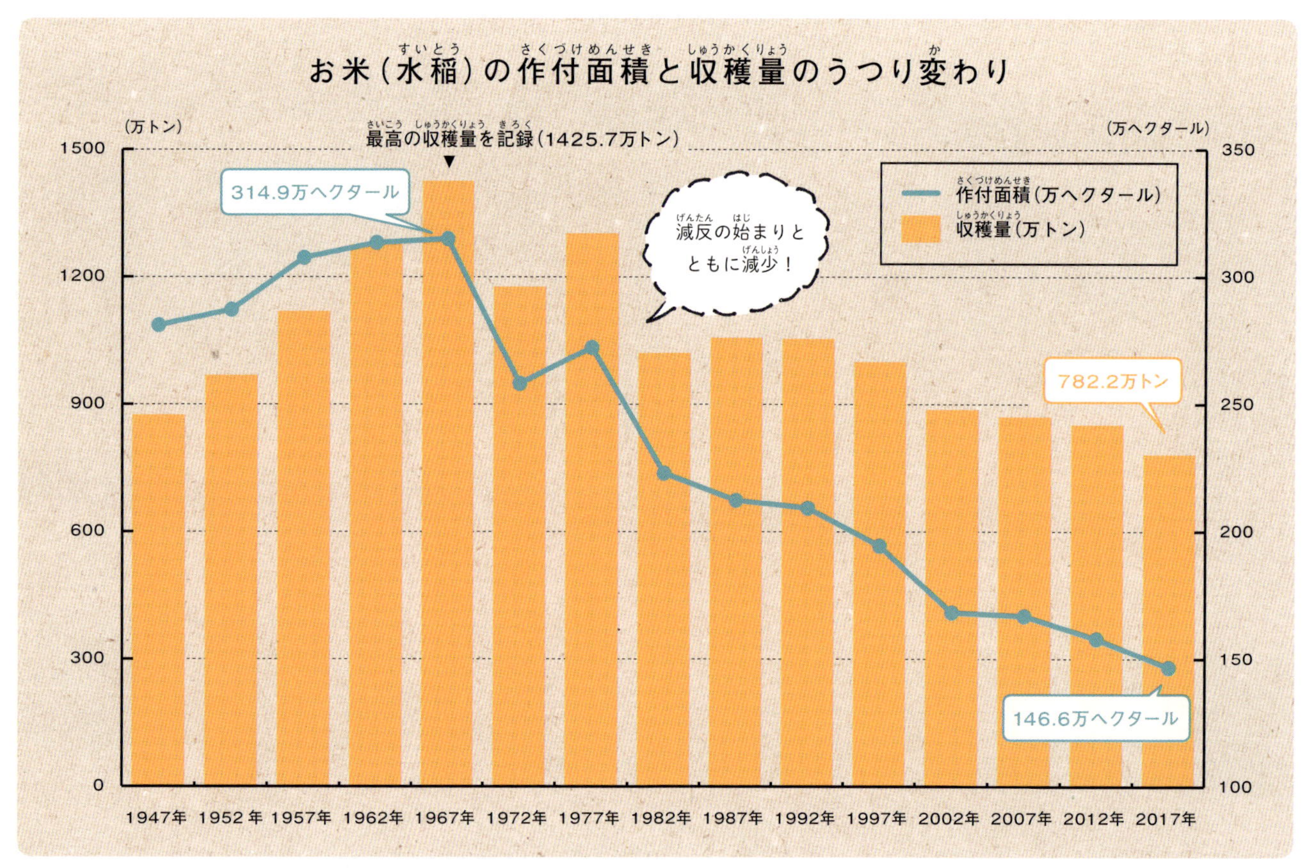

（出典）農林水産省「作物統計調査」より

※減反とは、お米の生産量を需要量に合わせるため、作付面積を減らして生産量を調整すること。作付面積を減らした農家には補助金を支給していました（国による生産調整は2017年産で終了）

人口とお米の消費量の関係

日本人の総人口は2010年の1億2806万人をピークにどんどん減っていて、2050年には1億人をきると予測されています。食べる人が少なくなるとお米の消費量は減っていきます。さらに1人あたりのお米の年間消費量は昭和38(1963)年の118.3kgをピークにその後は減少、平成28(2016)年には54.4kgとピーク時の半分に。高齢者は食が細くなる傾向があるので、高齢者の増加もお米の消費量が減っている理由のひとつです。

日本の人口は減少するとともに高齢化も進むと予想されていて、お米の消費量も将来はさらに減っていくと考えられています。

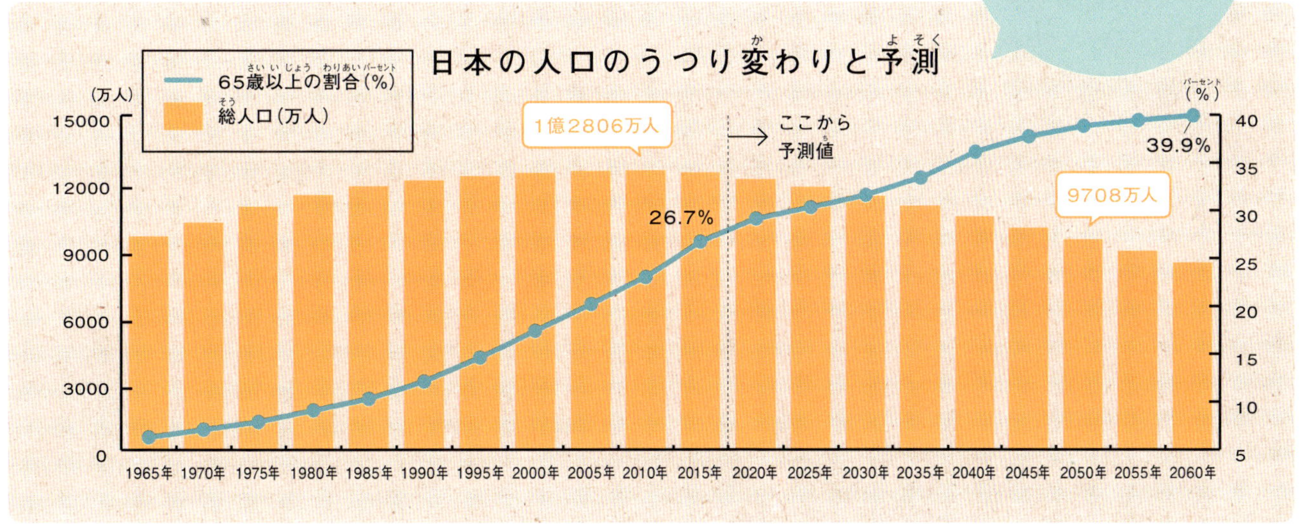

(出典)内閣府「平成28年度版 高齢社会白書」より「高齢化の推移と将来推計」

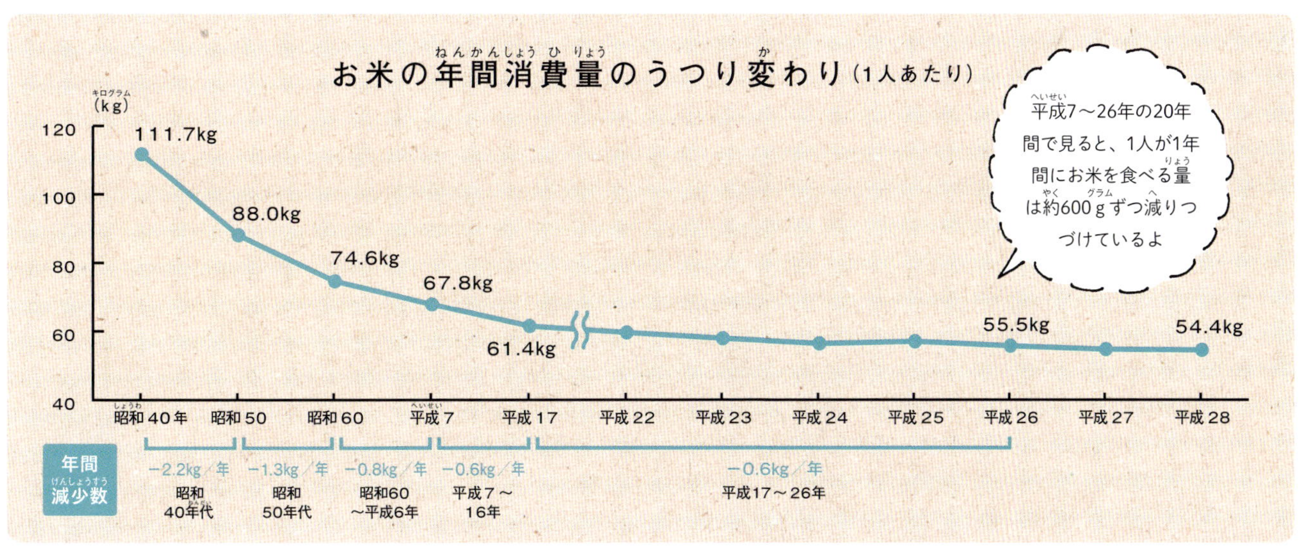

(出典)農林水産省「食料需給表」より「国民1人・1年当たり供給純食料」

日本と世界の米データ③

お米の加工品

加工されてから口に入るお米

お米を原料にした米加工品は、たくさんの種類があります。むかしから食べられてきたおもちやみそなど「ごはんの形をのこしていないもの」から、冷凍チャーハンやレトルト米飯など「たいたごはんを加工したもの＝加工米飯」まで、さまざまな加工の方法があります。現代の食生活にマッチし、生産量がのびつづけています。

米加工品とは…

乾燥させたおもちや、おかき、せんべい、スナックなどの米菓。お米を粉にしてから加工するだんご、米粉パン、ビーフン。発酵させて作る米酢、米みそ、甘酒。ぬかづけ、米油など。

加工米飯とは…

米加工品のひとつ。ごはんやおかゆを密閉容器につめたもの（パックごはんやレトルト、缶づめ、チルドごはんなど）や、冷凍米飯（チャーハンや焼きおにぎりを凍らせたもの）など。

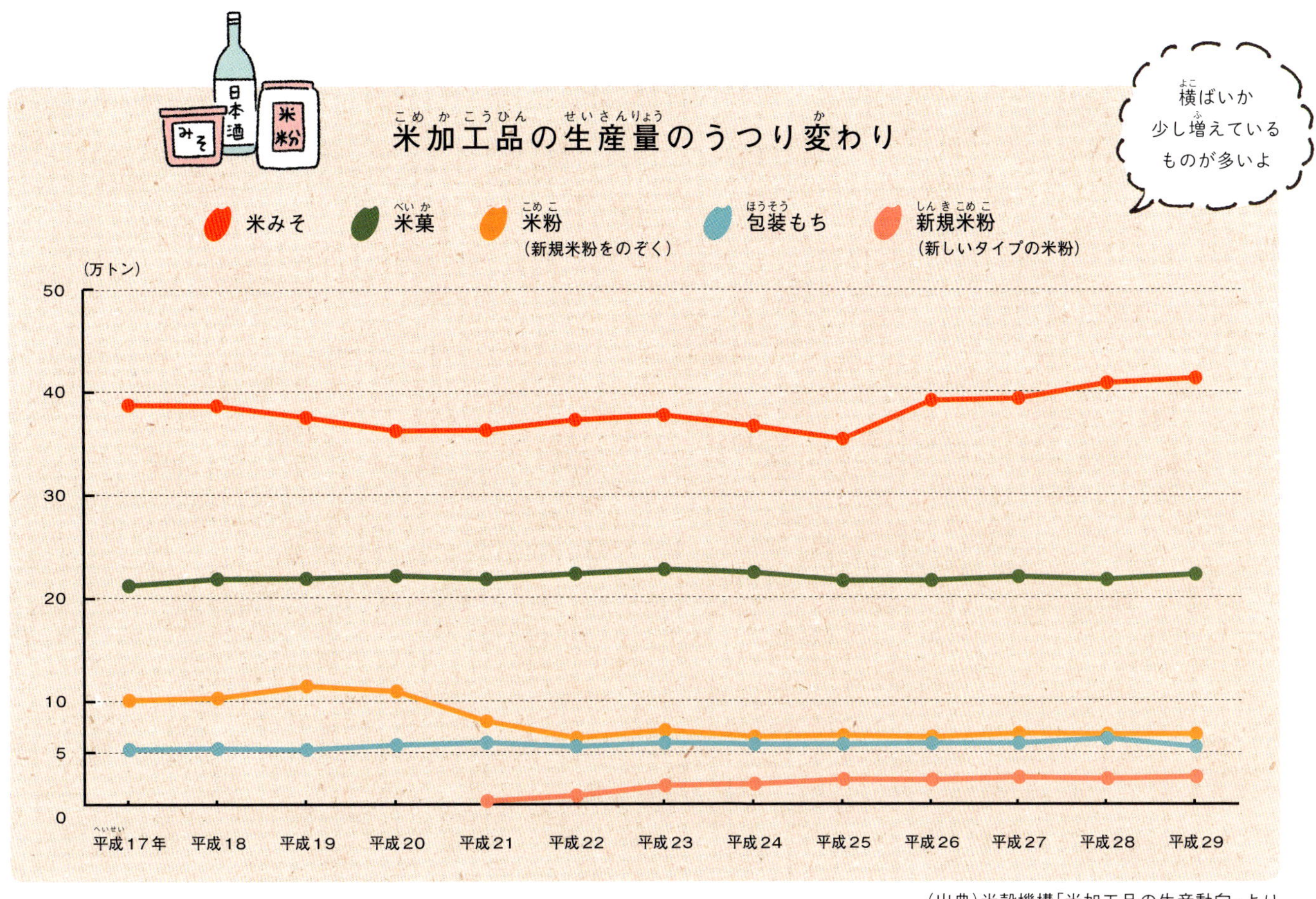

(出典)米穀機構「米加工品の生産動向」より

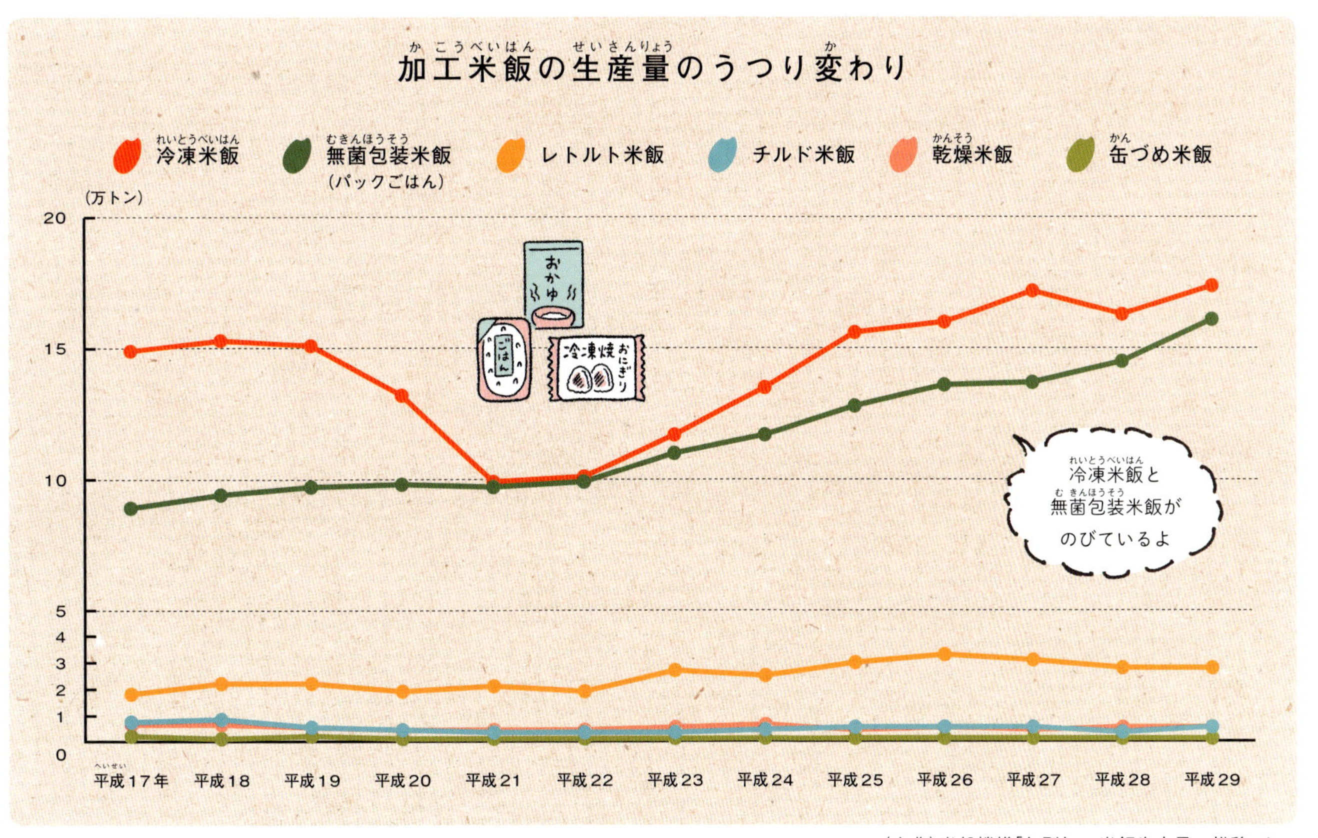

(出典)米穀機構「年別加工米飯生産量の推移」より

日本と世界の米データ④

世界のお米事情

お米の生産量ベスト10

お米は日本のほか世界中で栽培しています。生産量のベスト10は中国やインドなどアジア地域がほぼ独占。ブラジルなどお米をよく食べる中南米でも生産しています。

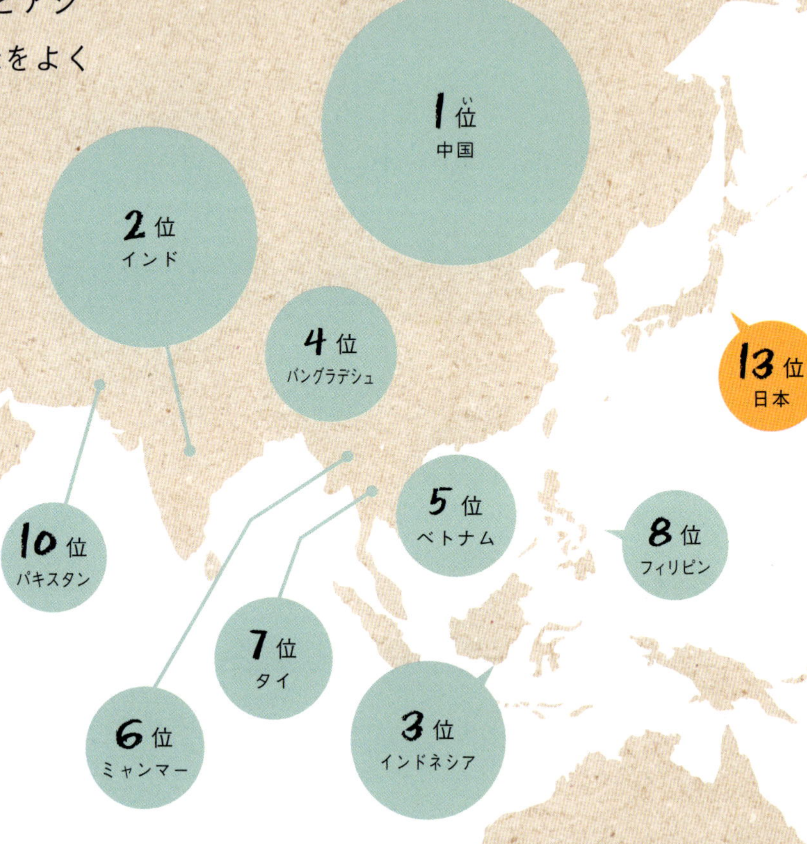

世界の米づくりと料理

世界では インディカ種が主流

日本でなじみのあるジャポニカ種のお米は、じつは世界では少数派。世界中で栽培されているお米の8割以上をインディカ種がしめています。

アジアを中心に 栽培している

お米（もみがらつき）の世界全体の生産量は、2016年の統計※で7億4千万トン。ほとんどがお米を主食とするアジアで作られています。

世界にはこんな お米料理がある

日本のおすし、韓国のビビンバ、スペインのパエリア、イタリアのリゾット、アメリカのジャンバラヤなど。さまざまな調理法で食べられています。

※「FAO統計データベース」より

世界の年間米生産量（もみつき）と1人あたりの供給量

1位	中国	2億950万3037トン	1人1年あたり78.2kg
2位	インド	1億5875万6871トン	1人1年あたり69.5kg
3位	インドネシア	7729万7509トン	1人1年あたり134.6kg
4位	バングラデシュ	5259万0000トン	1人1年あたり171.7kg
5位	ベトナム	4343万7229トン	1人1年あたり144.6kg
6位	ミャンマー	2567万2832トン	1人1年あたり132.8kg
7位	タイ	2526万7523トン	1人1年あたり114.6kg
8位	フィリピン	1762万7245トン	1人1年あたり119.4kg
9位	ブラジル	1062万2189トン	1人1年あたり32.1kg
10位	パキスタン	1041万2155トン	1人1年あたり12.3kg
11位	アメリカ	1016万7050トン	1人1年あたり6.9kg
12位	カンボジア	982万7001トン	1人1年あたり159.1kg
13位	日本	804万4000トン	1人1年あたり59.9kg

（出典）総務省「世界の統計2018」およびFAO統計データベースより（生産量は2016年、1人あたりの供給量は2013年の統計）

※このデータはもみがらつきのお米の統計で、精米されたお米の統計とは数値がことなります。
※1人あたりの供給量とは、食料として直接利用できる1人1年あたりの供給量のこと。

日本の生産量は世界で何位？

国連食糧農業機関（FAO）が発表しているデータ（2018年8月時点）によると、日本のもみがらつきのお米の生産量は約804万トンで、世界13位です。中国やインドなど、ほかのアジアの国々よりもかなり少ないことがわかります。

9位
ブラジル

海外でも増え始めた日本米の栽培

世界で多く栽培されているのはインディカ種のお米ですが、日本食レストランが増えたことなどによって、海外でも少しずつですが日本米の栽培が広がっています。たとえばヨーロッパでは、日本米をあつかうスーパーなどで、イタリア産のコシヒカリやスペイン産のあきたこまちなどを見かけるようになりました。現地では日本産のお米より低価格で売られているため、日本米の栽培が拡大すると、今後日本からお米を輸出する際、どれだけ価格をおさえられるかが課題となってきそうです。

日本と世界の米データ⑤

お米と加工品の輸出

輸出量は増えつづけ、輸出国の数も拡大！

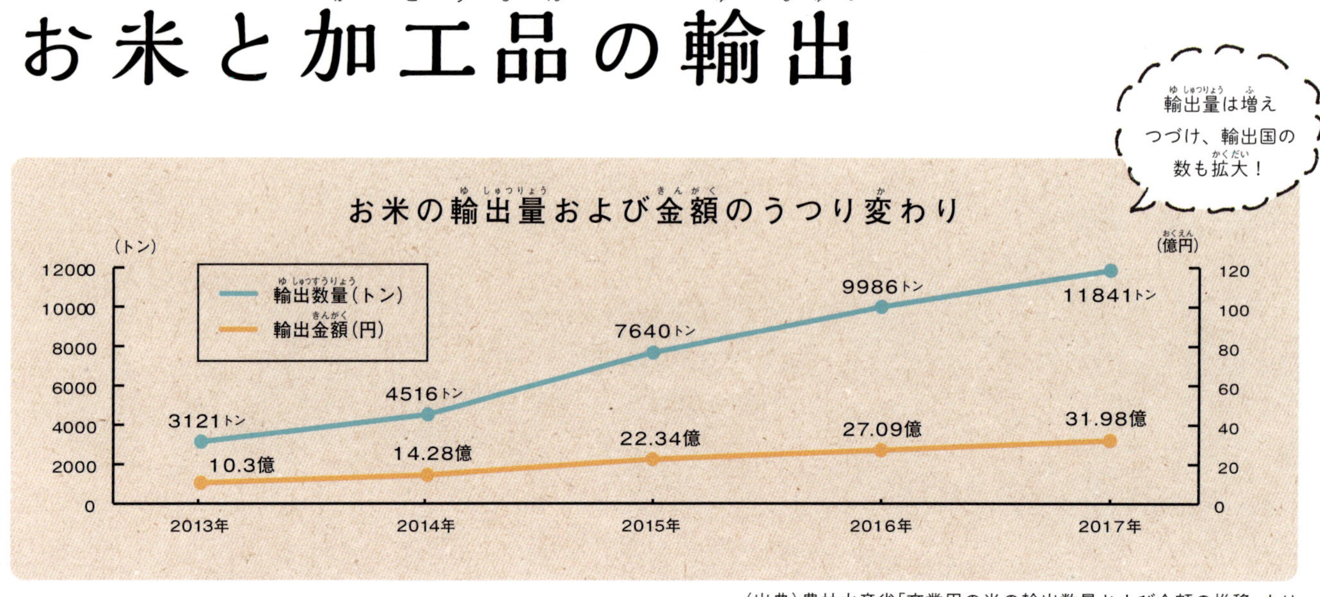

（出典）農林水産省「商業用の米の輸出数量および金額の推移」より

アジアやアメリカへの輸出が増加

和食ブームで世界各国に日本食レストランができ、それにともなってお米や日本酒の輸出量が年々増えています。とくに香港やシンガポールなどアジアでも農地の少ない都市国家や、アメリカなど在留邦人（外国に住んでいる日本人）が多い国への輸出が多いようです。政府としてはお米と米加工品のさらなる輸出拡大をめざしています。

輸出先ランキング（2017年）

1位	香港	4,128トン
2位	シンガポール	2,861
3位	アメリカ	986
4位	台湾	943
5位	イギリス	695
6位	オーストラリア	476
7位	中国	298
8位	マレーシア	259
9位	モンゴル	203
10位	タイ	192

（出典）上のグラフに同じ

どんなものを輸出？

お米

輸出量は上のグラフの4年間で約3.8倍になるなど年々増加。香港とシンガポールで半数以上をしめています。

米菓
（あられ・せんべい）

手軽なスナックとして輸出。輸出量は上昇していますがほぼ横ばい。海外向けパッケージにするなどの工夫も。

日本酒

アメリカや韓国・中国への輸出が中心。日本食レストランの増加もあり、輸出先が世界中に広がっています。

お米の新しいかたち

米粉と米粉製品

そのままごはんとして食べるのではない、新しいお米の食べかたが広がってきています。とくに注目なのが米粉で、パンやめんを作ることができます。米粉と米粉製品について調べてみましょう。

米粉と米粉製品①

米粉ってなに？

むかしからあった米の粉

米粉は、お米をこまかくくだいて粉状にした食材です。最近では製粉技術がよくなったため、小麦粉のようにパンやケーキが作れる新しいタイプの米粉も登場しました。お米の新しい食べかたとして近年注目されていますが、米粉じたいは奈良時代からあった歴史の古い食材です。今なぜ米粉が注目されているのでしょうか。

むかしながらの米粉

和菓子などに使われます

奈良時代、米粉で作った唐菓子が遣唐使により伝えられます。それ以降、日本でもお菓子に米粉が使われるように。うるち米やもち米などの原料のちがいや粒子（つぶ）のこまかさで名前がつけられ、上新粉はだんごやかしわもちに、白玉粉は白玉になど、それぞれ使いみちがことなります。

粉の名前	使いみち	粉の歴史
上新粉 白玉粉など	だんごやおもちなど おもに和菓子	奈良時代に唐（中国） より菓子が伝来

新しいタイプの米粉

小麦粉のようにはば広い料理に使用

製粉技術の向上でむかしよりもこまかく均一な粉が作れるようになり、パンやケーキ、めん類やぎょうざの皮に、唐あげや天ぷらの衣など、料理に広く利用できるようになりました。味のよさで注目されるほか、食物アレルギー対策や、食料自給率アップの一助としても期待されています。

粉の名前	使いみち	粉の歴史
米粉、玄米粉、 パウダーライスなど	パンやケーキ、 めん、あげものなど	1990年に新潟県で 新規米粉が完成※

※それ以前からパンなどに米粉を使用しているところもあります。

米粉の種類と使いみち

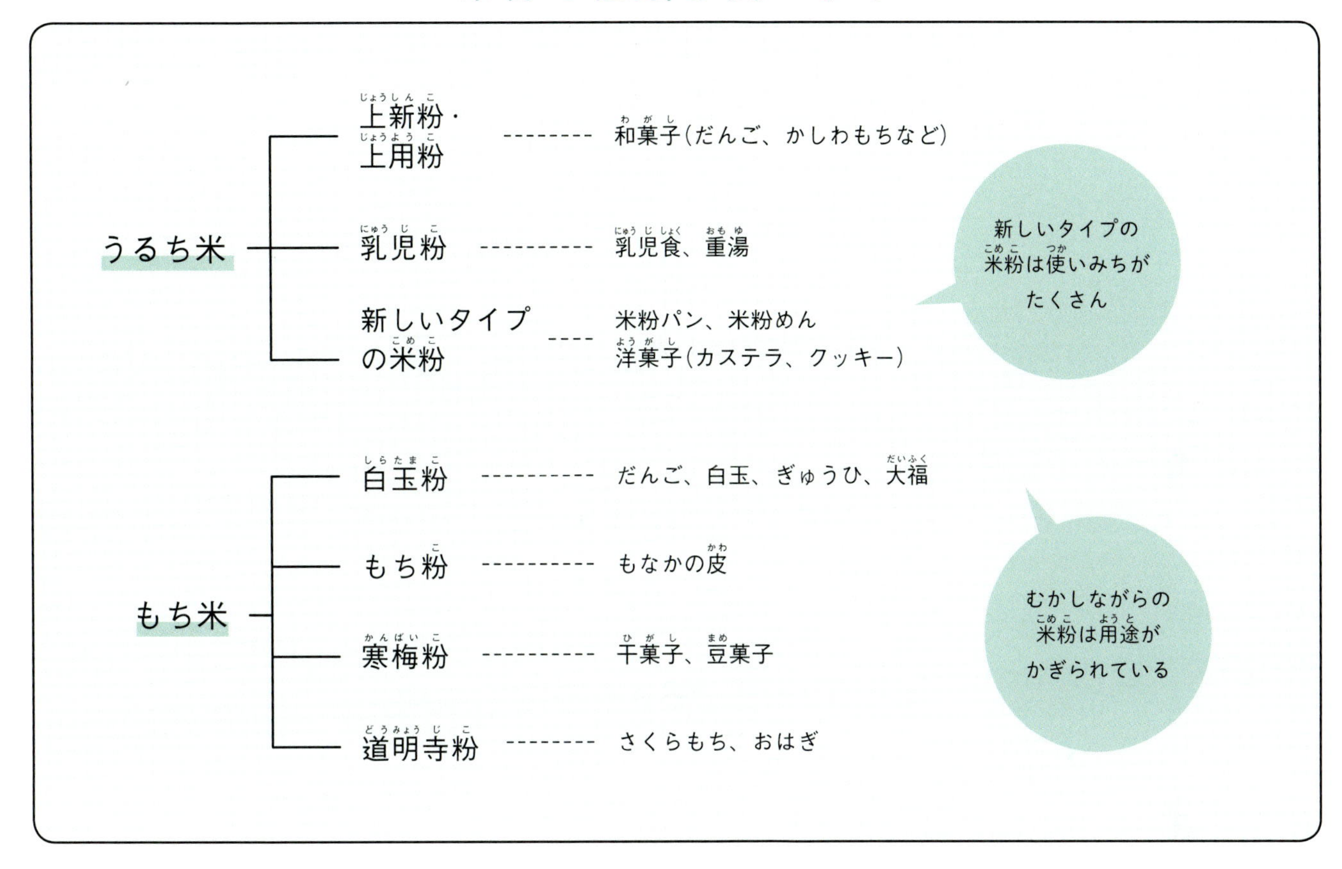

時代とともに米粉のニーズが変化

上新粉やもち粉など、むかしながらの米粉は少しずつ生産量が減少していますが、新規米粉（新しいタイプの米粉）はこの8年間で生産量を8倍以上にものばしています。ここ数年は横ばい状態ですが、使いかたが知られるようになってじょじょに生産量を増やしています。もち菓子や和菓子を手作りする人や食べる人が減るなか、今の食生活にも対応できる新しいタイプの米粉に関心が高まってきているようです。

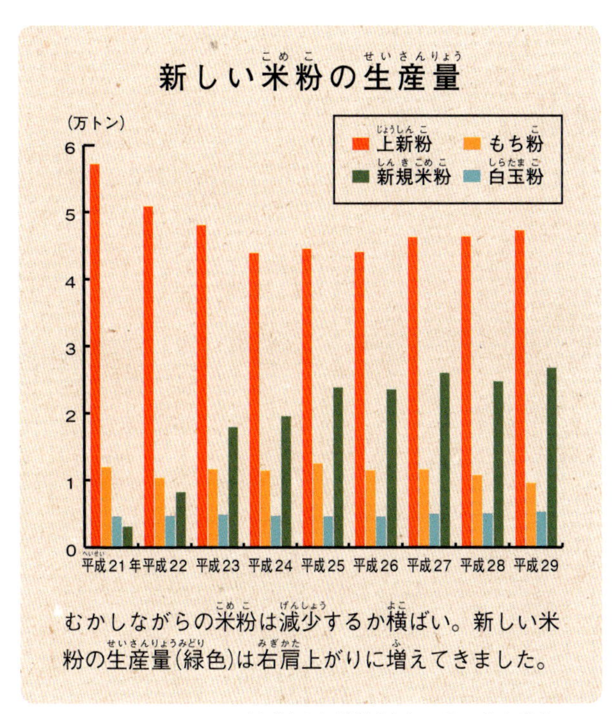

むかしながらの米粉は減少するか横ばい。新しい米粉の生産量（緑色）は右肩上がりに増えてきました。

（出典）米穀機構「米加工品の生産動向」より

米粉と米粉製品②

新しい米粉ってどんなもの？

どうして新しい米粉が生まれたの？

2017年度の日本の食料自給率は約38％と先進国の中でも低くなっています。その中でゆいいつお米だけが100％以上を保っていますが、消費量は減る傾向にあります。いっぽう、大きく輸入にたよっている小麦の消費量は減少していません。お米をごはん（米つぶ）として食べるだけではなく、小麦粉のように「粉食」という新しい食べかたをすればお米の消費が拡大すると考えられ、米粉に大きな期待がよせられました。しかし、むかしながらの米粉は粒子があらく表面もざらざらで、水分をふくむとおもちのようにくっついてパンのようなふんわりした生地は作れません。小麦粉のかわりに米粉をさまざまな料理に活用するためには、表面を傷つけずにこまかくくだく必要がありました。

日本一の米どころである新潟県は、米の消費が少なくなっていくのを見こして、全国でもいちはやく米粉に注目。県の研究所で開発を重ね、1990～1991年にかけて微細製粉技術を完成させました。新潟製粉は、新潟県が開発した画期的な製粉技術を取り入れ、世界で初めて生まれた微細米粉専用の製粉工場です。ここで作られた新しい米粉は、学校給食や製パン会社の米粉パンなどの原料として、全国へとどけられています。

新潟製粉をたずねました！

おもな産業が米という新潟県胎内市（旧黒川村）にあります。新潟県が技術開発した微細製粉技術を導入し、世界に先がけて新しい米粉を実用化したモデル製粉工場です。食品メーカーの原料となる米粉を開発・製粉。学校給食への米粉の導入も積極的に行っています。

お米の粉はこんな特徴があります

小麦粉より水分の多い米粉は、パンやめんにするともちもちした食感に。水と混ぜてもダマになりくい性質です。

パウダーライス（写真左からホットケーキミックス、薄力粉タイプ、強力粉タイプ）／新潟製粉

新しい米粉ってどんなもの？

小麦粉のかわりに使うことができる

パン、パスタ、ラーメン、ぎょうざの皮など、小麦粉で作っているさまざま食品を米粉で作ることができます。

むかしながらの米粉より粒子がこまかい

つぶの大きさは小麦粉と同じぐらいの40ミクロン。また、むかしながらの米粉よりつぶの表面がなめらか。

あげものに使うとカラッと仕上がる

小麦粉より油の吸収率が低いので、あげものの衣に使うとカラッとあがり、サクサク感がつづきます。

どうやってお米を粉にするの？

新潟県の開発技術を取り入れている新潟製粉では、パンやめん作りに向く「酵素処理製粉法」と、お菓子作りに向く「2段階製粉法」という2つの製粉を行っています。酵素処理製粉法は酵素の力でお米の内部の細胞を分解し、気流粉砕します。2段階製粉法はロール粉砕と気流粉砕の2段階で粉砕し、よりこまかな粒子に仕上げます。

微細製粉の米粉の製造プロセス

お米を仕入れる
→白米にする

お米を水で
あらう
（洗米）

お米を水に
ひたす（浸水）
→水きりする

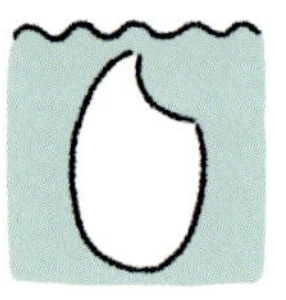

お米を粉砕機
でくだく

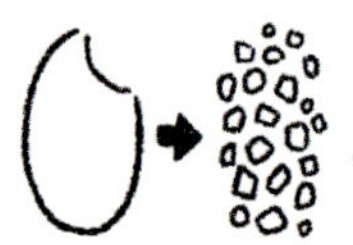

お米をかわかす
（乾燥）

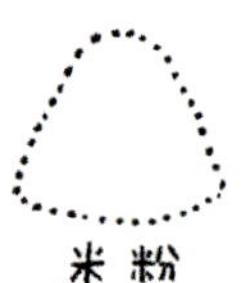

米粉の作りかた

原料はおもに地元農家や提携の農協などから国産米を仕入れ、精米して白米に。

お米を水であらい、ぬかやよごれを落とし、水にひたし中心まで吸水させます。

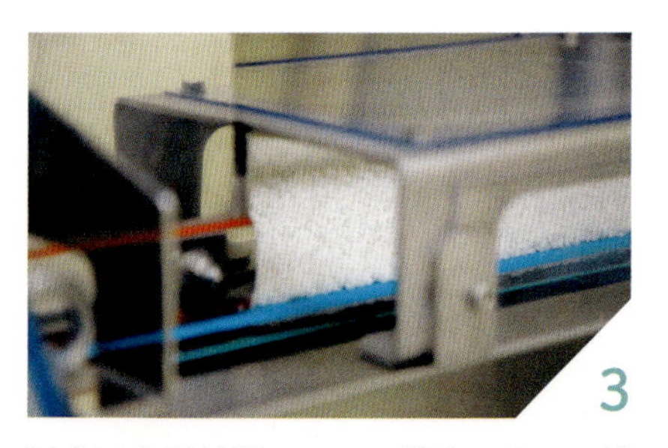

酵素処理製粉法の場合は酵素の溶けた液体にひたし米の内部の細胞を分解します。

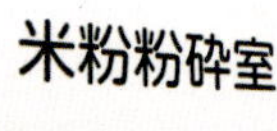

遠心分離機で脱水。水をきったお米は、米粉粉砕室へとはこばれます。

2段階製粉法ではロール機でお米をつぶし外側にひびを入れます（ロール粉砕）。

大量の空気とお米を高速回転させた板にあて、こまかくくだきます（気流粉砕）。

新潟製粉の藤井義文さんにお話をうかがいました！

「新しい米粉は、強力粉（小麦粉の一種）よりこまかくする必要がありますが、むりやりこまかくするとでんぷんが傷ついてしまい、調理のときの使い勝手がわるくなってしまいます。傷をつけずにいかにこまかくするかに成功したのが、新潟県が開発した技術です。米粉パンや米めんはまだ新しい食べかたですが、小さいうちから食べなれてほしいという思いもあり全国の学校給食に導入を進めてもらっています」

地元の農家が作りなれているコシヒカリやこしいぶきを、おもな原料米に使っています。

お米は麦よりずっとかたく、粉にするには高い技術が必要です。さらに洗米や浸水など、米の製粉には水をたくさん使い、小麦粉よりもコストがかかって価格をおさえるのが大変です。

米粉の消費を増やすことができれば、今ある地元の水田をこれからも守っていくことにつながります。

米粉は乾燥・集じん室へとはこばれ、熱風をあてて乾燥させます。

異物が入っていないかチェックしたあと、計量しながら袋につめていきます。

袋づめされた商品は、出荷されるまで適正な温度と湿度の倉庫で管理されます。

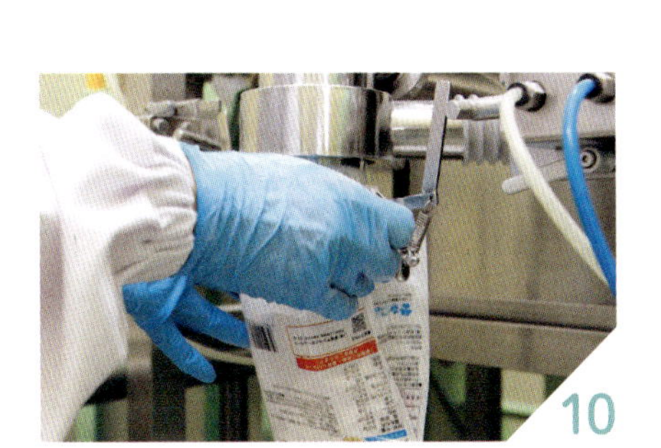

市販用の少量パックの米粉商品を作る場合は、手作業で袋づめが行われます。

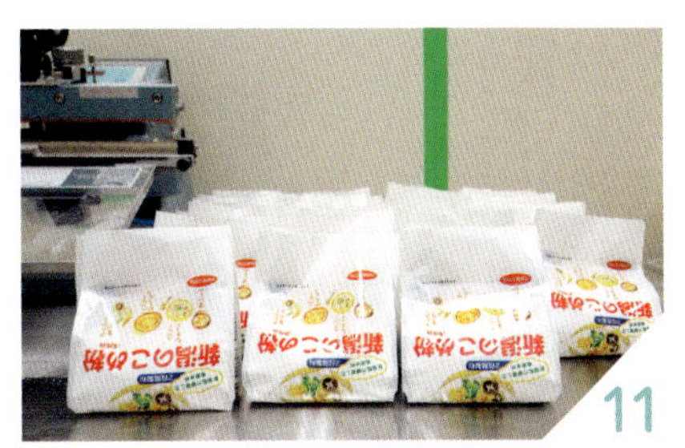

計量された米粉は、ひとつひとつ密封し、出荷されます。

ひとつの工場内で、メーカーの原料向けと市販用の両方が作られています。

広がる！ 米粉と米粉製品

グルテンフリーとは

グルテン※をふくまない食品であることをしめしている。欧米に多い、グルテンが原因とされる病気の対策として注目されています。

1番タイプとは

米粉ガイドラインによる基準で、1番は菓子・料理用の米粉に、2番はパン用、3番はめん用に表示。

さまざまな種類の米粉がある

新しいタイプの米粉には、パンに向く、料理に向くなど、いろいろな種類があります。しかしメーカーによって粒子の大きさがことなっていたり、グルテン(小麦たんぱく)の添加があったりなかったりと、さまざま。そこで、消費者が使うときに迷わないようにと、2017年に米粉の用途別基準とガイドラインが農林水産省より公表されました。

米粉ガイドライン

粉のこまかさや、でんぷんの損傷度など、製品に表示する基準が作られました。

グルテンの表示

グルテン含有量20ppm以下のものをグルテンフリー、1ppm以下のものをノングルテンと表示。

※グルテンは小麦などにふくまれるたんぱく質のこと。グルテンが入っているとふっくらしたパンが作れます。米にはふくまれず、パン用の米粉に添加される場合があります。

米粉製品

製品の種類がどんどん広がる

新しいタイプの米粉が登場してから、パンや洋菓子、パスタや中華めんなど、米粉を使った製品のバリエーションが増えてきました。最近では味のよさなどから買う人が増え、コンビニエンスストアやスーパーにも置かれるように。ただし、すべての製品が米粉100%ではなく、米粉に小麦粉を混ぜて作っているものもあります。

注目！

食パンやロールパンなどのパン類のほか、ドーナッツやクッキーなどのお菓子をスーパーやコンビニでよく見かけるよ！

米粉のパンやめんは、日本人好みのもっちりした食感で、口あたりや消化がいいのも魅力。

米粉パンで作ったパン粉など、食材として使える製品の種類がどんどん増えています。

だんごなどむかしからの和菓子のほか、ケーキやドーナッツなど新しいお菓子も登場。

食品メーカーの方にうかがいました！

どうして米粉で商品を作るの？

米粉を100％使ったふわふわの食パンや丸パン。じつはこれ、作っているのは食肉加工品メーカーのニッポンハムグループです。なぜハムの会社が米粉のパンを作ったのか、開発の理由をうかがいました。
「きっかけは、食物アレルギーをもつこどもでも食べられるものを開発してほしいという1人のお客様からの相談でした。1996年より食物アレルギーに対応した商品を開発。ハムやソーセージに合う主食も作ろうと思い、2009年に米粉パンが誕生しました」

食物アレルギーの人でもOKなだれでも食べられるパンが必要とされているからです。

ふつうのパンに使う小麦は食物アレルギーを起こすことも。お米のパンなら小麦の食べられない人でもだいじょうぶ。

ふわもち！

お米で作ったまあるいパン／もっちり食感で、ハンバーガーにも

米粉パン スライス／もっちり食感のほんのり甘い食パンタイプ

米粉で作った背景

食物アレルギーをもつ人はここ十数年で急激に増え、とくにこどもに多く発症しています。給食やお弁当など、みんなと同じようにパンが食べられるよう米粉パンの開発が進められました。

米粉パンの特徴

米粉を使ったパンは、小麦粉だけのパンよりも時間がたつとかたくなりやすい性質があります。ニッポンハムでは米粉100％でもふんわり焼きあげる技術を開発。冷凍で販売し、食感を保っています。

食物アレルギーって？

特定の食物を、体内で異物ととらえておこるアレルギー反応。本来は害がないはずの食品に対し、体の免疫※機能が過剰に反応。じんましんや下痢、ときには死にいたる症状をおこします。

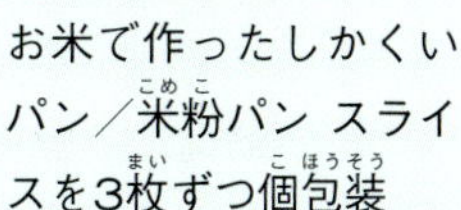

お米で作ったしかくいパン／米粉パン スライスを3枚ずつ個包装

お米で作った食パン／ふんわり食感のパンで、サンドイッチにも！

米粉めん／発芽玄米など、国産米粉で作ったスパゲッティタイプのゆでめん

お話をうかがった方

ニッポンハムグループ・東北日本ハムの澤田潔志さん

「ニーズが増え、2007年に食物アレルギー対応食品の専用工場を山形県酒田市にもうけました。原料は酒田産のお米。小麦のパンのかわりにしかたなく食べるのではなく、米粉パンならではのおいしさを伝えたいです。米粉パンは栄養価がすぐれ、腹もちもよく、和食にも洋食にも合います」

※免疫とは有害な細菌やウイルスから体を守るはたらきのこと。免疫反応のしくみに問題があったり、消化・吸収機能が未熟だったりすると、食べものを異物と認識する場合も。アレルギー症状をおこす食品はおもに卵、乳、小麦、そば、落花生、えび、かにの7品目。

米粉と米粉製品④

米粉の課題とこれから

より広めていく必要がある

学校給食の米粉利用の割合が7割にのぼるなど、米粉を使った製品は市場にも多く出まわり、わたしたちのもとにとどけられるようになりました。しかし、家庭の食材としての米粉は、まだあまり一般的ではないようです。どうして米粉があまり知られていないのか、今後どこに需要があるのか、米粉市場の現状とこれからについて考えてみましょう。

小麦粉よりも価格が高い

小麦よりはるかにかたいお米を製粉するには、とくべつな技術がなければ作れません。小麦粉とちがって、水であらう・ひたすという工程が必要なので、小麦を粉にするより手間とお金がかかります。小麦粉と同じぐらい買いやすくなるように、製造コストを下げる努力がつづけられています。

使いみちが知られていない

米粉は小麦粉のかわりにいろいろな料理に使えますが、まだ新しい食材なので、どう使えばいいのか知らない人がほとんどです。小麦アレルギーになやむ人だけではなく、多くの人に米粉の魅力や使いかたを広めようと、日本米粉協会や米粉メーカーではレシピを公開しています。

海外での需要がある

小麦を原因とするセリアック病患者が多い欧米では、米粉などグルテンフリー食品（グルテン含有量が20ppm以下）の消費量が大きくのびています。日本では世界最高水準であるノングルテン（グルテン含有量が1ppm以下）の基準をもうけて製品に表示し、海外に向けて日本産米粉をPRしています。

米粉専用のお米も開発・栽培

米粉の需要拡大に向けて、米粉向きのお米の品種の開発も進んでいます。2011年には「ミズホチカラ」、2015年には「ゆめふわり」「こなだもん」など、米粉パン専用の水稲品種が開発されました。製粉したときのでんぷんの損傷が少ないので、ふくらみやすく、形くずれしにくいパンが焼けます。

ごはんの新しいかたち
加工米飯ってなに？

家庭で食べるお米の量が減るいっぽう、増えているのが加工米飯（たいたごはんをパックするなどして加工した製品）です。どうして生産量がのびているのか、どんなものがあるのか見てみましょう。

加工米飯ってなに？①

加工米飯ってどんなもの？

ごはんを加工して商品に

たきたての白いごはんを無菌包装したパックごはんや、調理したごはんを冷凍やレトルト食品などに加工したものを加工米飯といいます。古墳時代から食べられていた「干し飯」が、日本の加工米飯のはじまりと考えられています。今では生産がさかんになり、味も種類もどんどん増えています。

どんな加工米飯が増えているのかな？

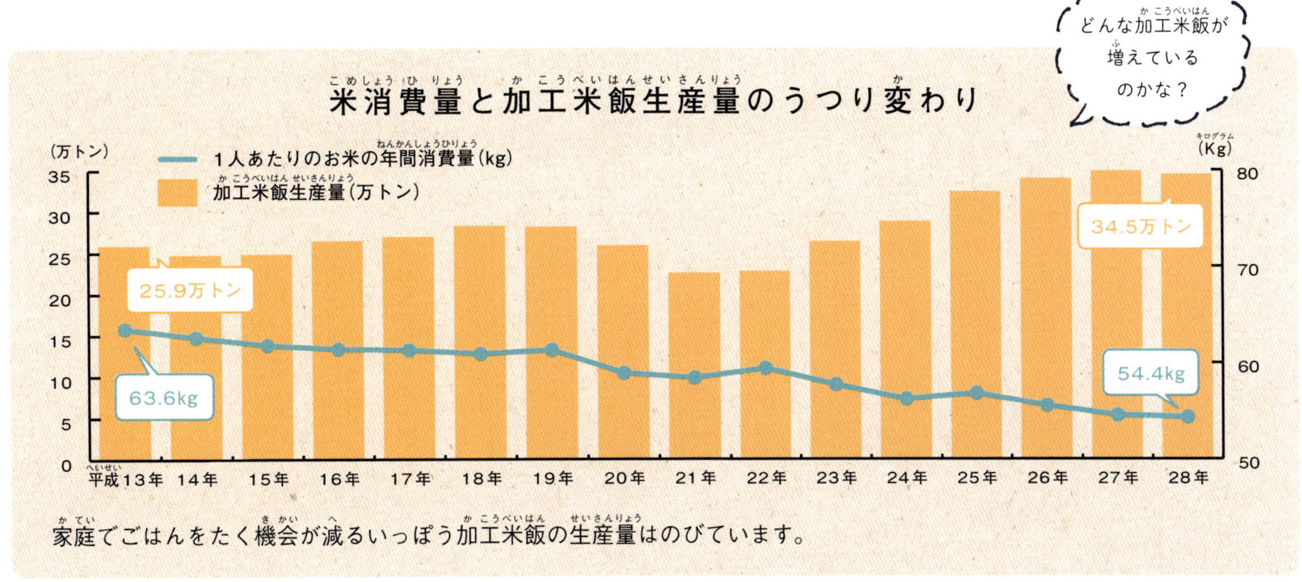

家庭でごはんをたく機会が減るいっぽう加工米飯の生産量はのびています。

(出典)農林水産省「食料需給表」および米穀機構「年別加工米飯生産量の推移」より

家庭での調理が外部化・簡略化

自分でごはんをたく人が減り、家庭の食事でも加工米飯を利用する人が増えてきました。加工米飯は手間や時間がかからないため、調理をかんたんにしたい人に多く利用されています。なぜ、家庭での調理が外部化・簡略化されてきているのでしょうか。その理由として、ひとりぐらしの高齢者の増加や、核家族の共働き世帯数がむかしとくらべて増えた点があげられます。女性もはたらく時代になり、調理に手をかける時間がなかなかとれなくなっているのです。また、家族みんなでテーブルをかこまず、ひとりで食べる＝孤食化が進んでいるなど、家族構成や生活スタイルの変化も見のがせません。今後もこの傾向は強まり、加工米飯の需要がさらに高まると考えられています。

くらしの変化で食のスタイルも変わるよ！

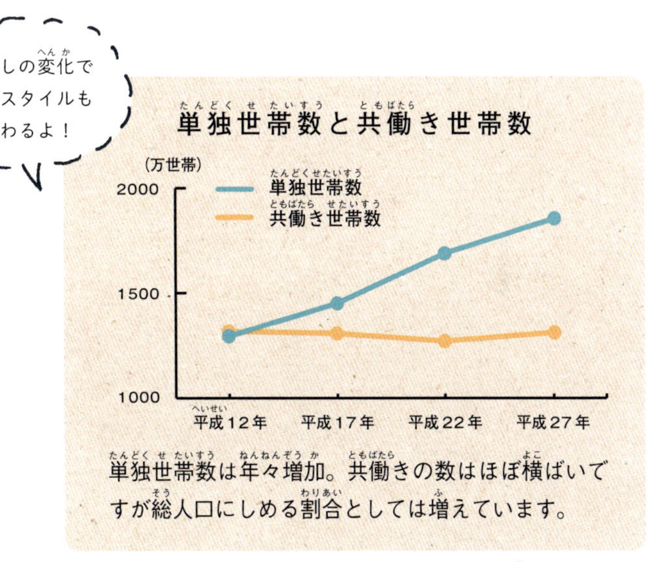

単独世帯数は年々増加。共働きの数はほぼ横ばいですが総人口にしめる割合としては増えています。

(出典)総務省「国勢調査」より

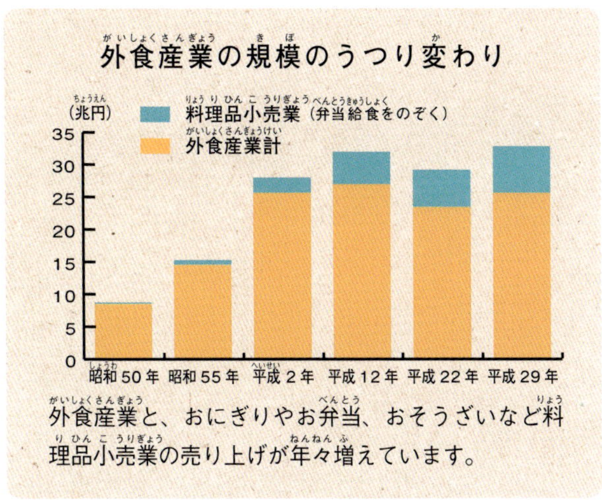

外食産業と、おにぎりやお弁当、おそうざいなど料理品小売業の売り上げが年々増えています。

(出典)日本フードサービス協会「外食産業市場規模推計の推移」より

加工米飯ってなに？②

加工米飯の種類

生産が広がり、商品は多様化

お米の消費量じたいは減りつづけていますが、かんたんに食べられる加工米飯のニーズは高まっていて、近年、生産量が増えてきています。冷凍や無菌包装、缶づめなど、さまざまな加工方法があり、消費者の求めにおうじてメニューも多様化しています。味つけもどんどん本格的になり「少量のごはんをたくよりも手軽でおいしい」と、買う人が増えているようです。また、長もちするものが多いため、毎日の食卓にのぼるだけではなく、災害用のそなえにも向いています。もちはこびやすいものは登山やキャンプにも利用され、いろいろなシーンで食べられています。

冷凍米飯

調理したごはんを約マイナス40℃で急速冷凍したもの。もっともニーズが高く、加工米飯のうち約5割をしめています。チャーハンや焼きおにぎり、ピラフなど品ぞろえが豊富で、こどもに人気のメニューもたくさんあります。家庭での消費が増えています。

無菌包装米飯

たきたてのごはんを気密性のある容器に入れ、無菌化包装したもの。加工米飯の約4割をしめています。味を追求し、さまざまなブランド米を使ったものや、健康を気にする人向けに麦や雑穀を加えたもの、少量パックなど、種類が増えています。高齢者の世帯にも人気です。

レトルト米飯

密閉容器に入れ
加圧加熱殺菌

光や空気を通さない密閉容器にごはんを入れて、加圧加熱殺菌（レトルト殺菌）したもの。湯せんなどで温めるのが一般的ですが、そのままでも食べられます。商品のほとんどがおかゆで、さまざまな味つけのものがスーパーやコンビニエンスストアなどで売られています。

乾燥米飯

ごはんを
急速乾燥
したもの

ごはんを急速乾燥したもので、お湯をそそげば15分ほど（水の場合は60分ほど）でやわらかなごはんにもどります。日もちするので災害食として、また、とても軽いので登山の携行食にも利用されています。一般的にはアルファ化米とよばれています。

缶づめ米飯

ごはんを缶に
つめて殺菌
したもの

ごはんや具材を缶に入れて密閉し、100℃を超える高温で殺菌したもの。乾燥米飯と同じく長期保存（常温で3年ぐらい）できて容器もじょうぶなため、災害へのそなえに常備する人も多いようです。缶ごと湯せんして温めて食べます。赤飯やドライカレー、五目めしなどがあります。

食品メーカーの開発者にうかがいました！

冷凍米飯ってどんなもの？

冷凍米飯は、いわゆる冷凍食品の一種です。かつて冷凍食品は、お弁当のおかずに利用されることがほとんどでした。1980年代に冷凍米飯が市場に登場してからは、手軽な軽食に、夕食のメイン料理にプラス1品足したいときなど、あらゆるシーンで食べられるようになりました。また、食卓調査で家庭の火力では満足のいくチャーハンが作れていないことがわかり、本格的な味やおいしさを追求。冷凍米飯の味の満足度はとても高く、リピートして買う人も多いようです。

パラっと香ばしい、本格炒め炒飯®
／ニチレイフーズ

7種の具と自社製ブイヨンでたいた、えびピラフ
／ニチレイフーズ

食べやすいサイズの焼おにぎり 10個入
／ニチレイフーズ

加工米飯の中で冷凍米飯がのびている理由ってなんだろう？

都市部でニーズが高く 1～2人の食事に便利

ごはんをたかなくても、電子レンジで数分加熱するだけで食べられる冷凍米飯は、少人数の食事にも大かつやく。

いろいろなシーンで手軽に食べられる

主婦のランチやこどものおやつ、夕食のプラス一品に、お父さんの夜食など、いろいろなシーンで食べられています。

夏・冬休みには消費がアップ

学校が休みになるときに消費量が増え、こどものいる家庭で多く利用されます。たきこみごはんは高齢者に人気。

「本格炒め炒飯®」ができるまで

水であらったお米を蒸します。蒸すとねばりが出にくくなります。

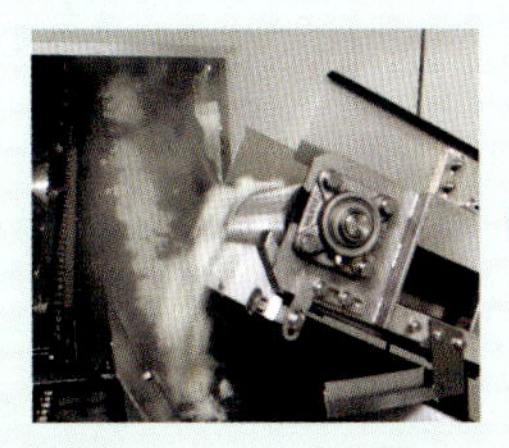

商品によって、それぞれごはんのかたさを変えています。

一次いため。ごはんと卵をいっしょにいためていきます。

ごはんのひとつぶひとつぶに卵がよくからまっています。

二次いため。250℃以上の熱風空間でごはんを加熱します。

具の焼豚も自社製。煮汁もチャーハンの調味に使われます。

三次いため。具を加え、強く混ぜ合わせながらいためて仕上げ。

ここから冷凍の工程に。約マイナス40℃で急速に凍らせます。

袋づめされた商品はマイナス18℃以下の状態で出荷。

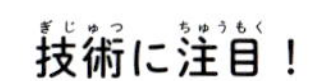

技術に注目！

ごはんを大量にいためるのは難しい技術。ニチレイフーズは、パラっと香ばしく仕上がる画期的な三段階いため製法を開発しました。

ジューシーな焼豚がごろごろたくさん入った「本格炒め炒飯®」は、冷凍米飯の中でもトップの売り上げ。

お話をうかがったところ

ニチレイフーズ

日本で初めて冷凍食品を作った企業。冷凍の魅力を生かした新しい商品を研究・開発しています。1961年に設立した船橋工場は、2015年に大リニューアルし、冷凍米飯専用工場に生まれ変わりました。チャーハンや焼おにぎり、ピラフなどを生産しています。

加工米飯はふだんの食事以外にもかつやく！

長もちする加工米飯が災害食に

無菌包装米飯(以下、パックごはん)などの加工米飯は、長期保存できるため、多くの自治体が災害食として備蓄しています。災害食を製造販売している新潟県のホリカフーズでは、中越地震をきっかけに災害食に特化したパックごはんを開発。避難所の食事は缶づめなど味のこいものが多く、被災者が食事にストレスを感じていました。そこで、ふだんと同じような食事がとれるようシンプルなパックごはんに注目。容器を従来の樹脂製からアルミ製のハイバリアトレーに変更し、酸素と光を遮断。賞味期限を5年6か月まで長くすることができたそうです。

レスキューフーズ 白いごはん／ホリカフーズ。ごはんにつく包装容器のかすかなにおいもカット。5年経過してもおいしさをキープ。

加工米飯は長もち！

冷凍米飯
冷凍(マイナス18℃以下)で1年ぐらい

無菌包装米飯
常温で6～10か月ぐらい

レトルト米飯
常温で1～2年ぐらい

乾燥米飯
常温で3年ぐらい

缶づめ米飯
常温で3年ぐらい

災害用に作られたものでなくても加工米飯の賞味期限はふつうの食品より長く、日ごろのそなえに活用できます。

お米の注目トピックス

お米の消費量が減りつづけるのを食いとめ、日本の農業を守っていくため、さまざまな取り組みが行われています。作る人、売る人、食べる人、それぞれの立場からお米のこれからを考えてみませんか。

お米の注目トピックス①

米飯給食の取り組み

給食にごはんを取り入れて消費量アップ！

地元産のごはんを食べ、食や農の大切さを実感！

給食で、おはしのもちかたや日本式食生活の大切さなども学びます。

米飯給食とは、ごはんを主食にした学校給食のこと。千葉県南房総市では2011年より市内のすべての幼稚園、小・中学校で完全米飯給食を導入し、主食をすべてお米にしました。ごはんは100％地元産のコシヒカリ。野菜や海産物なども地元のものを使う「地産地消」を給食に取り入れています。米飯給食は地元の特産品について学べるだけではなく、お米の消費量アップにもつながっています。

南房総市の米飯給食のメリット

地産地消が進む

地元の特産のコシヒカリを中心に、海や山、畑など地元でとれた旬の食材を食べる機会が増えます。

和食中心の献立で郷土の味が伝わる

最近ではあまり家庭で作られなくなった日本伝統の味や、地元の郷土料理を給食で知ることができます。

食育と食生活の改善

主食をごはんにすると、油脂分の少ない和食中心の献立になり、食習慣の改善につながります。

地産地消ってどういうこと？

生産者とのつながりも生まれるよ！

地産地消とは“地域生産・地域消費”を略した言葉。地域でとれた農林水産物を、同じ地域で消費する取り組みです。給食に地産地消を取り入れることで地場産物への関心や郷土意識が高まるうえ、お米をはじめとする国産品の消費アップにも役立ちます。

千葉県・南房総市の取り組み

種まきから
自分たちで

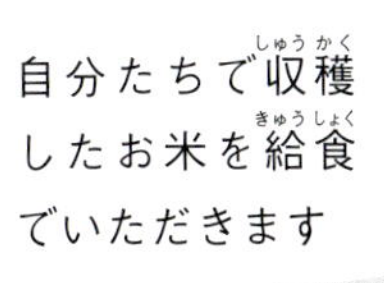

自分たちで収穫したお米を給食でいただきます

種をまいて苗を育て、稲刈りまで。南小学校では地域の農家といっしょに米づくりに取り組んでいます。収穫したお米は地域の幼稚園や中学校の給食にも出されます。

全国で行われている米飯給食

料理人が献立を考えるなど さまざまな工夫が

むかしは給食の主食はほとんどがパンでした。今は全国で米飯給食が広まり、完全給食※を実施している学校のほぼ100%が取り入れています。1週間の実施回数は3回以上が多く、米粉パンや米粉めんなども導入し、米の消費拡大にこうけんしています。農水省は「和食文化の継承」という点からもごはんを主食とした給食をすすめていて、和食の料理人が献立を考えるなどの広がりをみせています。

米飯給食の実施状況（2018年時点）

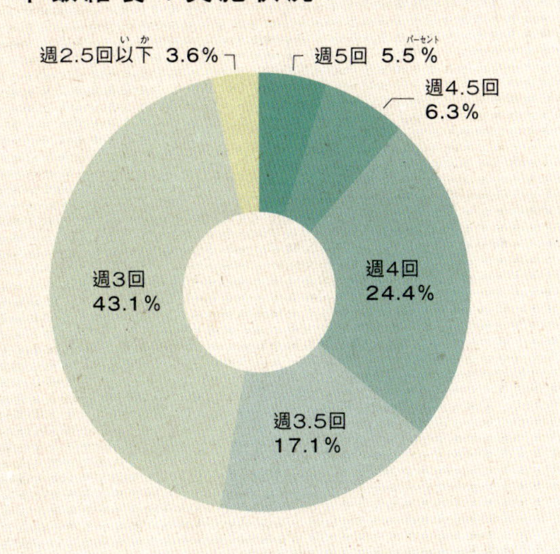

※完全給食とは学校給食で主食とおかず、牛乳を提供すること。

（出典）文部科学省「学校給食実施状況等調査」より「回数別米飯給食実施状況」

お米の注目トピックス②

新しい技術

新たな食材や新しい精米

お米の使いみちを広げるため、最新技術で米加工が研究・開発されています。お米をゲル化させた「ライスジュレ」は米粉にはない特性をもつ新食材。アイスクリームなど、今までお米や米粉が使われなかった食品にも応用されています。「GABA（ギャバ）ライス」はお米が本来もっている栄養のGABAを白米の5～10倍まで増やして精米した、新しいお米です。

ジュレ状の新たな食材が誕生

新技術で新しい需要を生みだす

農研機構が開発した「米ゲル」の技術を使ってヤンマーが「ライスジュレ」の量産化に成功。ライスジュレはお米をのり化させた食材で、保水性が高く、ふんわり、しっとりしたパンや温度が上がってもとけにくいアイスが作れます。

写真左、ライスジュレ／ヤンマー。右はライスジュレアイスクリーム／アグリクリエイト

お米の栄養価を上げてから精米

おいしくて体にいい、新しいごはん

日本初の動力精米機メーカー・サタケが開発した「GABAライス」は、お米がもつ栄養成分を増やしてから精米。玄米のように栄養価が高く、白米のおいしさはそのまま。お米初の機能性表示食品※です。

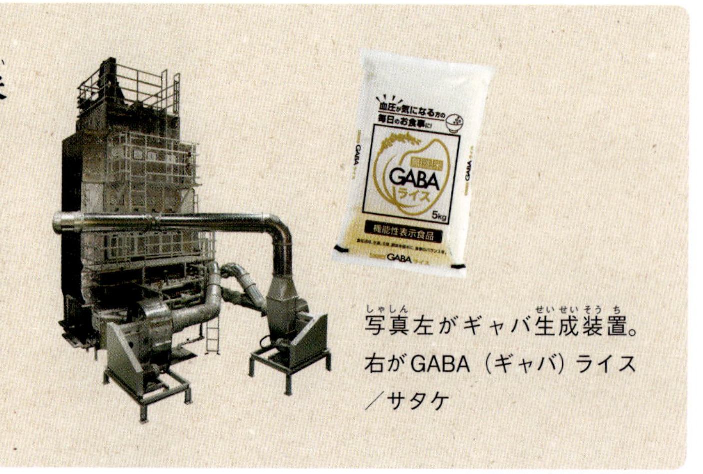

写真左がギャバ生成装置。右がGABA（ギャバ）ライス／サタケ

※機能性表示食品とは、健康の維持増進に役立つことが科学的根拠に基づいて認められた食品のこと。

お米の注目トピックス③

新しい農業

スマート農業で人手不足解消

米づくりには経験が必要な作業がたくさんあります。しかし農家の高齢化は進み、人手不足・経験不足による品質の低下が心配されています。近年始まった「スマート農業」は、ドローン（無人航空機）やロボット・自動化システムなど先端技術を活用した新しい農業。効率的にお米が作れ、作業の負担や人手・経験不足をおぎなえると期待されています。

ドローンを利用して農薬を使わない米づくり

少ない人手で広い田んぼを管理できる

北海道旭川市の市川農場では、生育状況の確認や的確な肥料の散布にドローンを使っています。生育にムラがでやすい有機栽培もドローンを活用すれば的確な追肥などが行え、コストダウンと収量アップに役立っています。

※写真は稲の生育状況を観察するドローン

ドローンは低空で肥料を散布でき、音が小さいので近隣の迷惑になりません。

だれでもベテランのように田植えができる

高度なトラクター運転技術を自動化

千葉県柏市の柏染谷農場では、直線走行する自動操舵システムを田植機やトラクターに導入。初心者でも田植えの植えつけがまっすぐできます。植えながら苗や肥料の補給までひとりで行え、効率が大きくアップしました。

お米の注目トピックス④

時代に合った商品に

パッケージや量を変えて、新しい層に販売

お米はふつう、Kg単位で買うものですが、近年はギフト用や物産館・産地直売所などで1～2合分など少量パックの商品が出回るように。時代に合わせ、お米の売りかたも多様化してきています。また、お米の加工品も進化し、むかしながらの米菓も現代的なデザインや味つけにリニューアル。健康志向のニーズにこたえた甘酒や玄米、洋風の商品など今の食生活にそった米加工品がどんどん増え、新しい消費者を増やそうとしています。

お米

プレゼントしたくなるような、
かわいいデザインの少量パックのお米も。

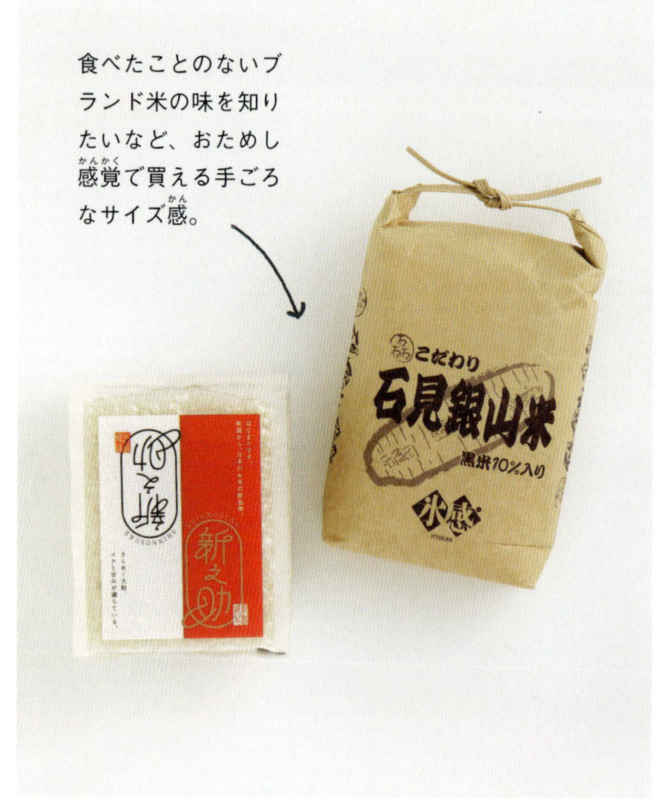

食べたことのないブランド米の味を知りたいなど、おためし感覚で買える手ごろなサイズ感。

米加工品

若い人でも手にしやすいおしゃれなパッケージのせんべいやポン菓子も。こしょうをきかせるなど現代的な味つけ。

玄米シリアルやグラノーラなど、和食が苦手な人でも気軽に食べられるお米の加工品が増えています。

栄養価の高さで再注目されている甘酒は、フルーツ入りなどだれもが飲みやすい味に工夫されています。

玄米珈琲など今までになかった新しいドリンクも。むかしからある玄米茶やほうじ茶も、銘柄指定や有機栽培など原料を厳選したものが出ています。

参考資料

『aff』農林水産省

『米 イネからご飯まで』柴田書店

『新版 米の事典 ー稲作からゲノムまでー』幸書房

『47 都道府県・米／雑穀百科』丸善出版

参考資料＜ウェブサイト＞

農林水産省・外務省・文部科学省・内閣府・総務省統計局ホームページ

米穀機構 米ネット　http://www.komenet.jp/

FAOSTAT

日本フードサービス協会

取材協力

公益社団法人 米穀安定供給確保支援機構

日本米粉協会

新潟製粉株式会社

東北日本ハム株式会社

日本ハム株式会社

株式会社ニチレイフーズ

（画像提供 P30 焼おにぎり）

ホリカフーズ株式会社

南房総市教育委員会（画像提供 P34・35）

ヤンマー株式会社（画像提供 P36）

有限会社アグリクリエイト（画像提供 P36）

株式会社サタケ（画像提供 P36）

有限会社 農業生産法人 市川農場（画像提供 P37）

株式会社柏染谷農場（画像提供 P37）

佐藤食品工業株式会社

公益社団法人 日本缶詰びん詰レトルト食品協会

お米のこれからを考える④

お米とごはん　新しいかたち　加工品＆お米ニュース！

「お米のこれからを考える」編集室

本文執筆　嶺月香里
撮影　平石順一
イラスト　なかきはらあきこ
デザイン　パパスファクトリー
校正　宮澤紀子

発行者　内田克幸
編集　大嶋奈穂
発行所　株式会社　理論社
〒101-0062　東京都千代田区神田駿河台 2-5
電話　営業 03-6264-8890
　　　編集 03-6264-8891
URL　https://www.rironsha.com

2018 年 10 月初版
2019 年 10 月第 2 刷発行

印刷・製本　図書印刷

ISBN978-4-652-20278-4　NDC616　A4 変型判　27cm　39p